# 植物观察笔记

孙静◎主编

中国农业出版社

北 京

**图书在版编目（CIP）数据**

植物观察笔记 / 孙静主编 . -- 北京：中国农业出
版社，2024. 11. -- ISBN 978-7-109-32683-5

Ⅰ . Q94-49

中国国家版本馆 CIP 数据核字第 2024JU0006 号

**植物观察笔记**
**ZHIWU GUANCHA BIJI**

中国农业出版社出版

地　　址：北京市朝阳区麦子店街 18 号楼
邮　　码：100125
责任编辑：全　聪　文字编辑：陈亚芳
版式设计：易　维　责任校对：吴丽婷
印　　刷：湖北嘉仑文化发展有限公司
版　　次：2024 年 11 月第 1 版
印　　次：2024 年 11 月第 1 次印刷
发　　行：新华书店北京发行所
开　　本：710mm×1000mm　1/ 16
印　　张：8
字　　数：125 千字
定　　价：30.80 元

# 前言

观察力影响着我们对生活的感知和体验。对孩子来说，大自然这座宝库无疑是最便捷、最丰富的观察对象之一。通过观察自然，孩子能感受到生命的神奇和美丽，同时通过创作观察笔记，孩子又能手眼配合，进一步提升观察力，开发艺术创造力，感受到充实与快乐。

《植物观察笔记》就是一本由孩子亲身参与创作的观察之书。本书由研发团队搭建系统的知识框架，确保全书逻辑科学；再由孩子们集思广益，进行真实的创作延伸。这样，书中既从宏观角度讲述了植物学的理论，也从微观角度讲解了多种植物细致的科普知识。

在内容的选择上，本书鼓励孩子从生活出发，将贴近日常生活的植物 作为观察对象，不追求夸张与新奇，而是从平常之中窥见科学的奇妙。真正将观察笔记落脚于亲自观察、切实感受之上，同龄小读者在阅读后，也能做到易学习、好操作、印象深、收获多。在观察的方法上，书中引导孩子调用多种感官，运用实验探究、比较研究、猜想论证等多种方法来进行观察，以此培养孩子严谨求证、客观记录的务实科学态度。

学会观察的同时，学会记录同样重要。本书收集的笔记中，有大量对植物如实的描绘记录，也有不少用观察日记、情景再现、故事漫画等艺术形式创作的内容，这些创意让观察笔记变得活泼、有趣。相信在本书的启发下，小读者们也将发散思维，迫不及待地开始创作属于自己的观察笔记。

现在，就请先翻阅这本书吧！在阅读中学习，在学习中实践，相信我们都能成为善观察、爱生活、会表达的人。

# 你准备好了吗?

**笔记本**：准备一本轻便的、容易摊开的笔记本，方便你在确定观察对象后随时记录。笔记本可以是空白纸，也可以带有格纹。你也可以准备几张干净的纸，将它固定在画板上进行创作。

**铅笔**：铅笔可以用来打草稿、做批注或者直接绘图。你可以选择便捷的自动铅笔，也可以根据自己绘制的需求，准备不同型号的木头铅笔，只是别忘了带上卷笔刀。此外，说起做批注，当你有疑问时，可以用铅笔批注在纸上，方便时再查资料弄懂，这样的学习方法，将让你受益匪浅。

**橡皮**：有了橡皮，你可以用铅笔反复打草稿，如果不满意擦掉就好。请大胆创作，你会画得越来越好！

**彩色铅笔**：彩色铅笔轻便、干净，是极好的工具。水性的彩色铅笔能溶于水，描绘出水彩效果；油性的彩色铅笔，则可以画出清晰的细腻线条。可根据你的爱好选择。

**针管笔**：针管笔线条流利，装饰性强，当你熟练后就可以用针管笔直接画。

**马克笔：**马克笔也有水性和油性两种。油性的颜色鲜艳，不容易被擦掉，但气味比较重；水性的则颜色丰富，色彩更加柔美。此外，马克笔的笔头有圆头、斜头等区别，可以画出不同的线条。

**画笔：**画笔搭配着颜料一起使用，有大小号之分，数字越大画笔越粗。笔头有圆头和平头、扇形等形状，也有尼龙和动物毛发等不同材料。

**颜料：**常用的有水彩颜料和水粉颜料两种。水粉颜料比较厚重，覆盖力强，常用来画色块的铺色、叠色，水彩颜料扩散性好，加水可晕染，颜色较为清透。

**放大镜：**放大镜有利于放大细节，能让观察更加精细准确。通过放大镜，你或许会有一些惊奇的发现。

**手表：**在创作观察笔记时，你需要写下准确的日期和时间，因此一个提示时间的工具非常有必要。我们对同一观察对象，在不同时间进行观察，很可能会有不同的收获。

# 怎么做观察笔记？

颜色

特征

尺寸

质感

直接观察

解剖

实验

科学观察

观察方法

草图

速写

艺术绘图

装饰画

绘图方法

水彩、水墨……

科学制图

生长流程

分解、剖面

局部特写

早晚变化

季节变化

周期

时间

光照条件

温度、湿度

生活环境

地点

气候条件

地理位置

笔记本

现象

景观

对象

喜好

常见

独特性

7

# 目录

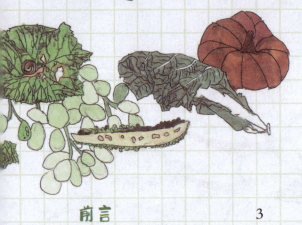

# 第一部分

## 你好，植物

# 一、什么是植物

## ①.植物就在我们身边

　　客厅的花瓶里插着鲜花，窗外有大树和小草，餐盘里有蔬菜和水果……地球上有超过 35 万种植物。植物在我们的生活中随处可见，与我们形影不离。

我们都是植物！

你最喜欢的植物是什么呢？你为什么喜欢它？请为你最喜欢的植物制作一张小档案，把它介绍给更多的人吧。

## 我最喜欢的植物

| | |
|---|---|
| 名称： | |
| 外观： | |
| 特点： | |
| 我喜欢它的原因： | |

## 2. 植物的定义

植物和动物都能生长、繁殖，它们都是生物。但它们之间有什么不同呢？也就是说，到底什么是植物呢？

### ①获取营养的方式不同

动物必须从外界获取营养。为此它们能灵活移动，寻找食物。

植物可以自己制造营养，因此不用辛苦奔波，只用静静地待在一处就能存活。

> 虽然我要自己找东西吃，但是我很自由。

> 在阳光的作用下，我能将水和二氧化碳，在叶绿体中转化为营养物质，并且释放出氧气。这就是"光合作用"。

> 叶绿体是我制造营养的"工厂"。而叶绿体中的绿色色素——"叶绿素"，就是我制造营养最重要的工具。

气孔吸收空气中的二氧化碳。

氧气 $O_2$

$CO_2$ 二氧化碳

根部吸收土壤中的水。

叶绿体

②细胞结构不同

　　这是动物细胞和植物细胞的模型，观察一下它们的结构有什么不同。

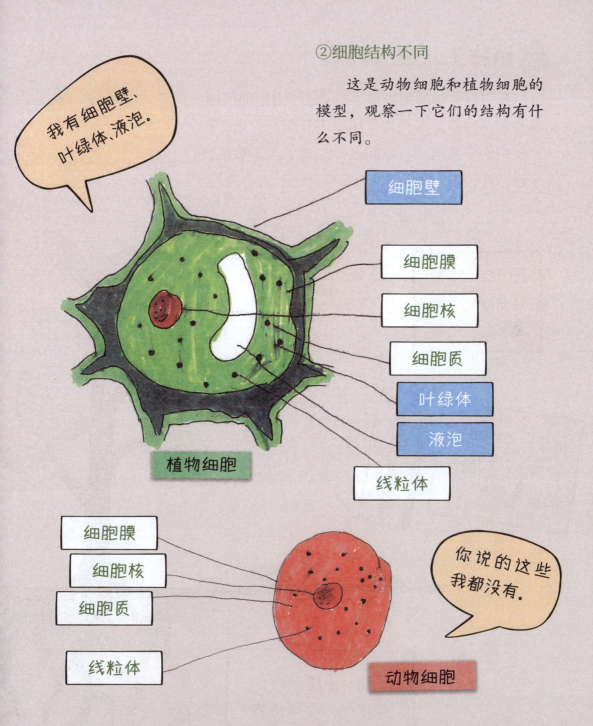

我有细胞壁、叶绿体、液泡。

细胞壁

细胞膜

细胞核

细胞质

叶绿体

液泡

线粒体

植物细胞

细胞膜

细胞核

细胞质

线粒体

你说的这些我都没有。

动物细胞

　　小结论：植物是生物的一大类，大多数有叶绿素，能进行光合作用，制造营养。它们的细胞多具有细胞壁。

# 3. 植物生长五大要素

　　我们已经知道植物能进行光合作用，制造生存必需的营养。而光合作用离不开阳光、水、和空气中的二氧化碳。除此之外，对于大多数植物来说，氧气、土壤和温度也是植物生长所必需的。

阳光：光合作用离不开阳光。

温度：每种植物都有适合生长的温度范围。

土壤：土壤中不仅有水分，还有植物生长需要的矿物质和微量元素。

空气：在有阳光时，植物进行光合作用，吸收二氧化碳，释放氧气。并且，植物也和许多生物一样，每时每刻需要呼吸，吸收氧气，释放二氧化碳。你可以这样理解：白天，光合作用大于呼吸作用；夜晚，呼吸作用大于光合作用。

水分：水遍布植物的全身，是植物细胞的组成部分。光合作用离不开水。

对我们来说，土壤不是必需的。

当然，一些水生植物和水培植物，可以从水中吸收营养。

# 二、植物的分类

## 1. 小草和大树

按照形态分类，植物可以分为草本植物、灌木、乔木、藤本植物。

我是松树，属于乔木，我最高大。

我是小草，属于草本植物。

我是玫瑰，属于灌木，我比小草高大，通常有茎或枝。

我是爬山虎，属于藤本植物。我不能直立，必须依靠其他物体才能支撑身体。

孢子是能成长为新的个体的细胞，一般很小。蕨类植物有能产生孢子的孢子叶。

## 2. 孢子植物

按照繁殖方式不同，植物可以分为孢子植物和种子植物。

海带（藻类）

泥炭藓（苔藓类）

我们四类是孢子植物，我们不开花也不产生种子，曾经也被称作"隐花植物"。

卷柏（石松类）

如蕨（真蕨类）

## 3. 种子植物

种子植物就是能产生种子的植物，现存的种子植物有 30 万种左右。

花生

荷花

我们都是种子植物，我们都能产生种子，并且依靠种子繁殖。

蒲公英

瓜籽　发芽　生长

一粒瓜籽的生命之旅

果实成熟　结果　开花

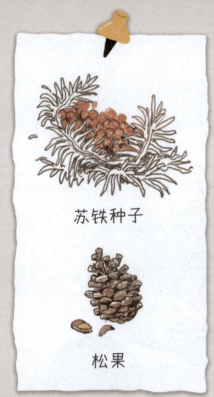

苏铁种子

松果

## 4. 裸子植物

对种子植物再进一步细分，还可以分为裸子植物和被子植物。

裸子植物的种子裸露在果实的表面，没有被果实包裹。银杏、松树、杉树、苏铁等都是裸子植物。

裸子植物没有真正意义上的花，只有孢子叶聚集成球状形成的球花。

银杏种子

胚

外种皮

内种皮

中种皮

银杏的种子没有果皮，黄色的其实是它的外种皮。闻起来有一种臭臭的味道。

球花

# 5. 被子植物

　　被子植物的种子被果皮包裹着，就像盖上"被子"一样。被子植物是最繁盛、最高等的植物类群，它们有着真正的花朵和形态各异的种子。

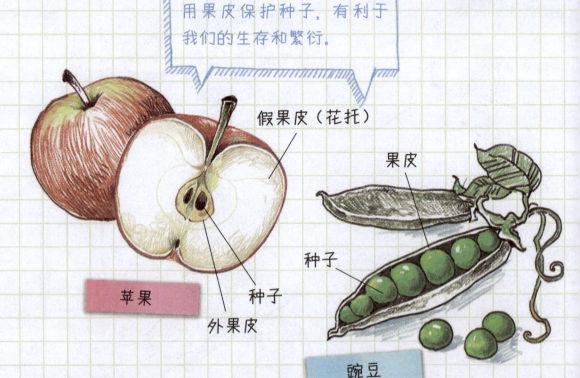

核桃

我们都是聪明的被子植物。用果皮保护种子，有利于我们的生存和繁衍。

假果皮（花托）

果皮

种子

苹果

种子

外果皮

豌豆

# 6. 其他分类方法

植物的分类，还有很多方法，例如：

| 分类依据 | 可分为 |
|---|---|
| 生活环境 | 陆生植物、水生植物 |
| 是否落叶 | 落叶植物、常绿植物 |
| 子叶的数量 | 单子叶植物、双子叶植物 |
| 是否有根、茎、叶 | 高等植物、低等植物 |
| 生命周期 | 一年生植物、两年生植物、多年生植物…… |
| 特性 | 耐旱植物、耐盐植物…… |
| …… | …… |

当然，还有最为科学系统的分类方法：界、门、纲、目、科、属、种。

我是植物界，被子植物门，木兰纲，菊目，菊科，雏菊属，雏菊（种）。

雏菊

我是植物界，裸子植物门，松杉纲，松杉目，松科，松属，白皮松（种）。

白皮松

# 7. 菌类是植物吗?

我们都是菌类!

我们菌类不是植物。我们没有叶绿素,不能进行光合作用,不能自己制造营养存活。我们总是依靠腐生的方式获取营养。

# 三、植物的作用和保护

## 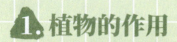 植物的作用

植物为地球制造了充足的氧气。

地球上 70% 的氧气，都是我们海洋藻类通过光合作用制造的。可以说没有我们，也就没有人类和其他生命。

植物为我们人类和其他生命提供了食物。

茶叶

芝麻酱

蔬菜、瓜果

植物组成了其他动物的家园。观察这株大树，
数一数有多少种动物居住在这株树上。

植物为我们提供了药材。

明代医药学家李时珍写的《本草纲目》，记载了 1892 种药物，其中植物药占了一大半，约有 1095 种。

## 忍冬

忍冬是忍冬科植物，也被称为蒽、金银花，在我国各地都有分布。它常在夏季开花，花和茎可以入药，花和叶还可以蒸馏制作成"金银花露"这种饮品，具有清热解暑的功效。

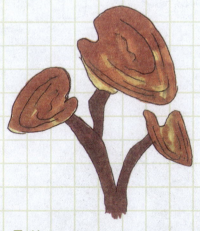

## 人参

人参是五加科的草本植物，具有肉质根，是国家一级保护植物。在我国，人参主要产于东北，是"东北三宝"之一。

## 灵芝

灵芝又称木灵芝、灵芝草，其实属于真菌类。灵芝多生长在山地枯树根上，也可人工栽培。灵芝可供药用，具有养心安神、益气补血等功效。

植物为我们提供了生活物品。

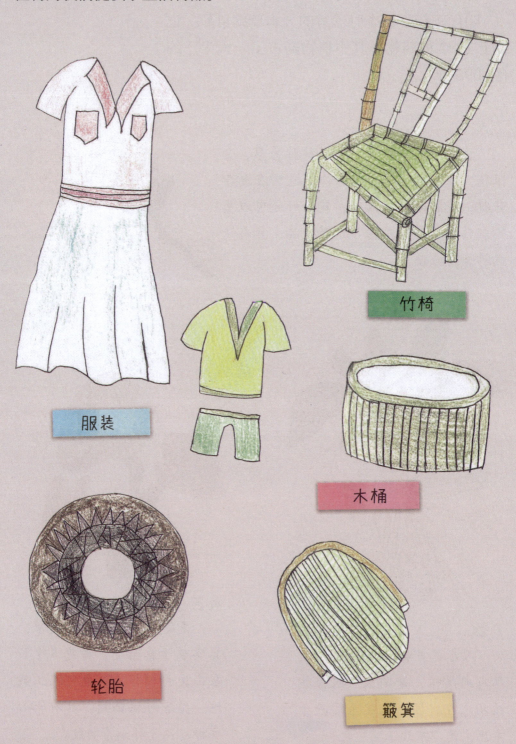

竹椅

服装

木桶

轮胎

簸箕

# 用夏威夷果壳做手摇铃

①将夏威夷果仁取出，再将果壳粘起来。

②将5~7个粘好的果壳沿着缺口挨个系在细麻绳上，做成果壳串，按照这个方法多做几串。

③将做好的果壳串一头打结固定，并将多余的麻绳做成手环的形状。

④用麻绳缠绕打结处，做成结实的手环。

植物可以防风固沙，减少自然灾害，改善环境。

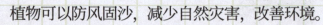
胡杨树

康乃馨常被用来表达对母亲的爱。

植物可以装点我们的生活。

## 2. 植物的保护

　　我们可以从身边的小事做起，做一些力所能及的事，保护好植物朋友，例如不踩踏草坪，不采摘、损害国家保护植物。还有，注意森林防火，不携带火种进山；将电池等有害垃圾分类回收，以免污染土壤和水源。

不踩踏草坪。

我怕疼！

不采摘、损害国家保护植物。

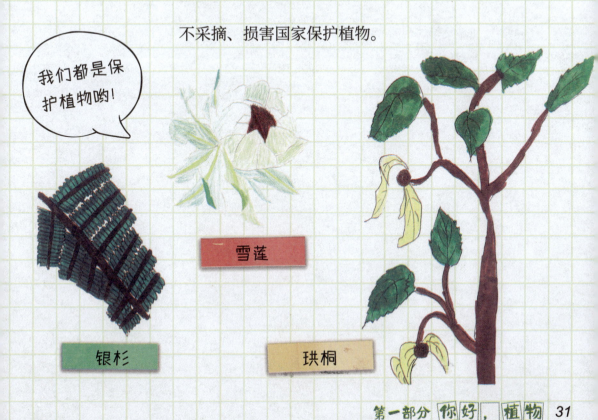

我们都是保护植物哟！

雪莲

银杉

珙桐

# 第二部分

# 植物的构成

## 植物的六大器官

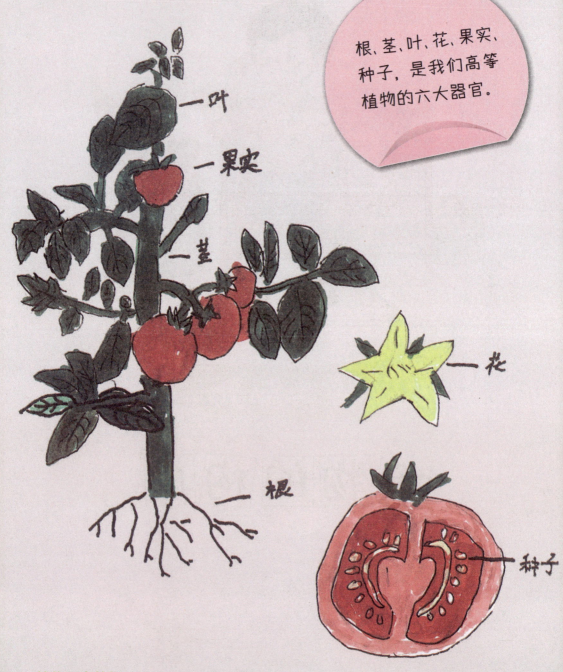

根、茎、叶、花、果实、种子，是我们高等植物的六大器官。

叶

果实

茎

花

根

种子

# 二、根的观察

## 1. 直根和须根

植物的根分为直根和须根两类。

直根：比较发达的粗而长的主根。

须根：没有主根和侧根的区别，外形看起来像"胡须"一样。

去菜市场找一找，哪些蔬菜是直根，哪些是须根？

香葱是须根植物

蒲公英是直根植物

## 2.根的主要作用

根的主要作用是固定植物。

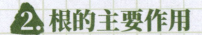

有了根，我们植物才能稳稳地站在地面上。

### 小实验

①将一株带根的植物放在装有水的容器中。

②在容器外标注水面的高度。

③将容器口用棉花或者塑料布密封，防止水分蒸发。

④记录水面高度的变化。

密封

水面高度

填一填，记录你的观察数据。

|  | 第一天 | 第二天 | 第三天 | 第四天 |
| --- | --- | --- | --- | --- |
| 水面高度（厘米） |  |  |  |  |

小结论：除了固定植物，根还有另一个重要作用——吸收水分。

# 三、茎的观察

## 1. 茎的种类

**葡萄**
我的茎依靠卷须攀缘，是攀缘茎。

**杨树**
我的茎是木质直立茎。

**甘薯**
我的茎匍匐在地面上，是匍匐茎。

**向日葵**
我的茎是草质直立茎。

**牵牛花**
我的茎是缠绕茎，茎会缠绕在其他物体上。

## 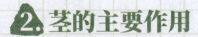 茎的主要作用

茎具有支持作用。茎能不断生长，将枝和叶撑开、举高。

# 小实验

①将芹菜插在染成红色的水中。

②一天后，观察芹菜的茎。

③将芹菜的茎剪断并剖开，观察不同切面。

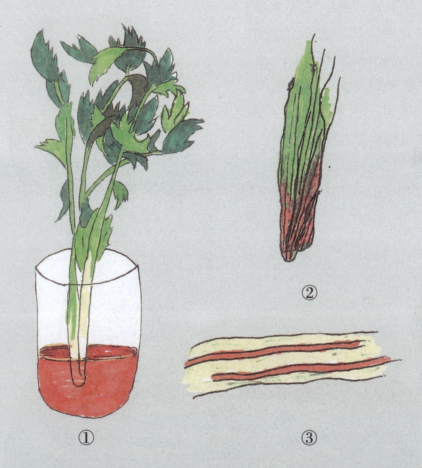

①

②

③

我们会发现芹菜的不同切面都有红色的痕迹，芹菜的茎里有许多细长的"小圆管"。

小结论：植物茎里的小圆管，被称为"维管束"，这就是植物运输水分的通道。因此，茎的作用主要有两点——支持枝叶和运输水分。

### 3. 观察树干

树干就是树木的茎。观察树干的切面，我们可以看到一圈圈的木纹，这就是年轮。年轮的形成遵循着这样的规律。

春季到初夏：气温渐暖，雨水充足，树木生长快，木质颜色浅、质地松软。

夏末到秋季：气温渐冷，雨水不足，树木生长慢，木质颜色深、质地较硬。

深一圈加浅一圈就组成了一环，通常每过一年，我就会长出新的一环，数一数环的数量，就能知道我的年龄了。

春季　秋季　木髓　树皮

观察上面这棵树的年轮，你还能有哪些发现呢？

☐植物幼年时，年轮更宽。

☐较宽的年轮可能表示当年风调雨顺，气候适合植物生长。

☐较窄的年轮可能表示植物当年生长受限，植物可能遭遇了干旱或寒冷。

☐黑色的疤痕可能表示树木在当年遭受了火灾。

☐_____。

小提示：你可以大胆猜想，在你认为对的方框里打上"√"。

接下来，通过查资料来求证，看看你的猜想是否正确。

# 四、叶的观察

## ① 各种形状的树叶

叶柄

叶片

叶脉

　　大部分叶片含有叶绿素，因此是绿色的。如果叶片中含有的叶黄素、胡萝卜素多一些，叶片看起来就是黄色，如果含有的花青素多一些，叶片就会呈现偏红的颜色。

# 观察、比较并记录

|  | 看一看 | 摸一摸 | 闻一闻 |
|---|---|---|---|
| 兰花的叶子 | 椭圆形的<br>叶脉是平行的<br>绿色 | 很厚、很光滑 | 没有味道 |
| 薄荷的叶子 | 边缘为锯齿状<br>有网状叶脉<br>绿色 | 很薄 | 有香味 |
| 仙人球的叶子 | 是针状的<br>看不清叶脉<br>偏白色 | 扎手 | 没有味道 |
| 请你观察一<br>种植物的叶<br>子，并记录。 |  |  |  |

## 2. 叶的主要作用

还记得吗？叶子的本领是能利用叶片中的叶绿体进行光合作用，为自身制造营养物质。叶片上的气孔还是植物与外界进行气体交换的重要通道。除此之外，叶片还有一项本领——蒸腾作用。

植物体内的水分变成气体状态，并从叶子等器官散布到空气中，这就是蒸腾作用。

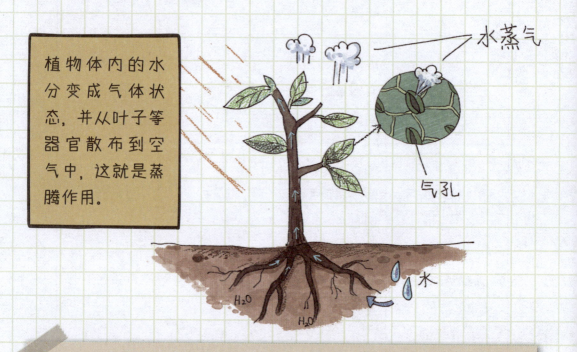

水蒸气

气孔

水

H₂O

H₂O

### 蒸腾作用的意义：

蒸腾作用会产生向上的拉力，促进水分的吸收和在植物全身的运输。如果没有蒸腾作用，那些高大植物顶端的叶子就会缺水。

水在变成水蒸气时会吸收热能，因此蒸腾作用会帮助植物降低叶片的温度，避免叶片被阳光灼伤。

蒸腾作用可以为环境提供大量水蒸气，所以在森林里我们总感觉空气更湿润、凉爽。

# 3. 叶子的排列

叶子在茎上排列的方式就叫"叶序"。想一想，为什么会有叶序呢？

互生　　　对生　　　轮生　　　簇生

晒不到太阳，我都变黄了，呜呜呜……

我们都能晒到太阳啦！

原来，叶子有规律地排列在茎上，可以接受更多阳光，更好地进行光合作用。植物们真聪明呀！

# 4. 叶脉

分叉状脉

掌状网脉

掌状网脉

直出平行脉

弧形平行脉

射出平行脉

横出平行脉

三出脉

仔细观察一下身边的叶子，看看它属于哪一种吧。

　　叶片上的"维管束"就是叶脉，它们是植物的"毛细血管"，将水分和营养运输到叶片上，也正是因为有了叶脉的支撑，柔软的叶片才能挺立起来。

## 叶脉书签的制作

①挑选叶脉明显、结实的树叶。

②将树叶在浓盐水中浸泡 12 小时。

③捞出树叶，用牙刷轻柔地刷掉叶肉。

④将叶脉染上喜欢的颜色，并晾干。

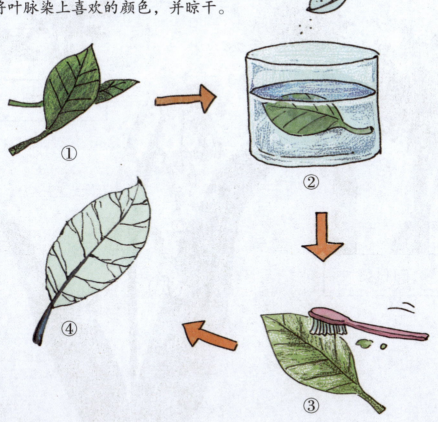

# 五、花的观察

## 1. 各种各样的花

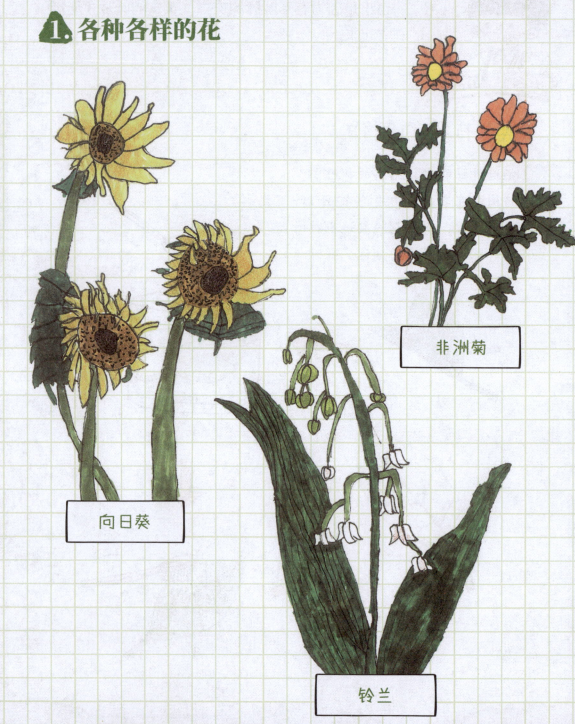

非洲菊

向日葵

铃兰

请你画一画，你最喜欢的花

## 2.花的构成

按照结构，花可以被分为完全花和不完全花。虽然花朵的外形各异，但它们通常由花萼、花瓣、雌蕊、雄蕊 4 部分构成，如果缺少其中任一部分，则是"不完全花"。

观察下面这朵百合花。百合花的 4 个部分都存在，是完全花。此外，它既有雄蕊，又有雌蕊，还说明百合花是两性花。

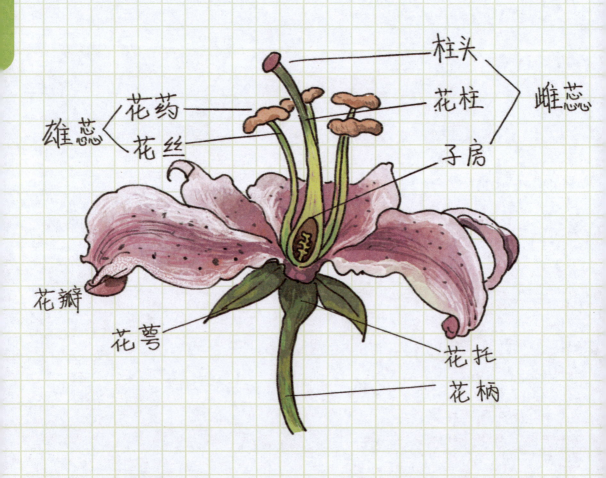

柱头
花柱
雌蕊
雄蕊
花药
花丝
子房
花瓣
花萼
花托
花柄

南瓜花的雌花缺少雄蕊，雄花缺少雌蕊，是不完全花。同一株南瓜既可以开雄花，也可以开雌花，是雌雄同株的植物，但每朵花都是单性花，只有一种性别。

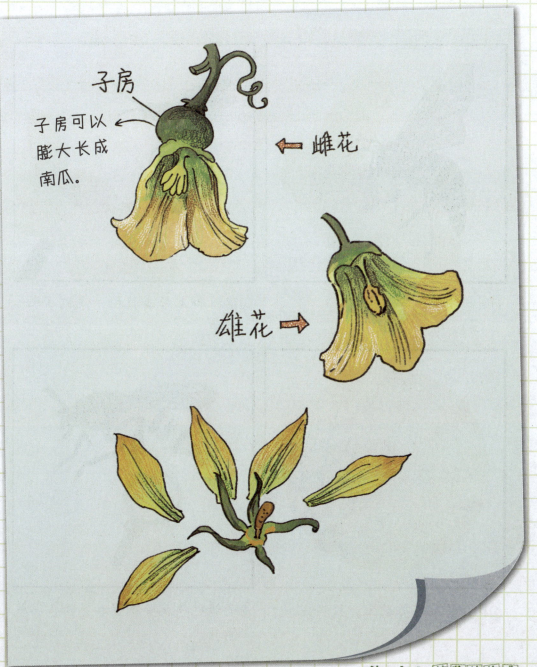

子房

子房可以膨大长成南瓜。

← 雌花

雄花 →

## 3. 花朵的作用

花朵是植物的繁殖器官，首要作用就是繁殖。鲜艳的颜色、芳香的气味、甜甜的花蜜，都是为了吸引昆虫前来为花朵传粉。

①蜜蜂在雄花里面采蜜。

②蜜蜂脚上带着花粉，飞到了雌花里。

③花粉传到了雌蕊上，授粉完成。

④蜜蜂也收获了花蜜和花粉，满载而归。

雄蕊花药里的花粉成熟后，通过媒介传播到雌蕊，完成授粉。雌蕊授粉后，子房便可以发育成果实。

除了昆虫，
风也是很好的传粉帮手。

我的花小小的，生长在一起，通过风就可以将花粉传播。

# 六、果实和种子的观察

## 1. 各种各样的果实和种子

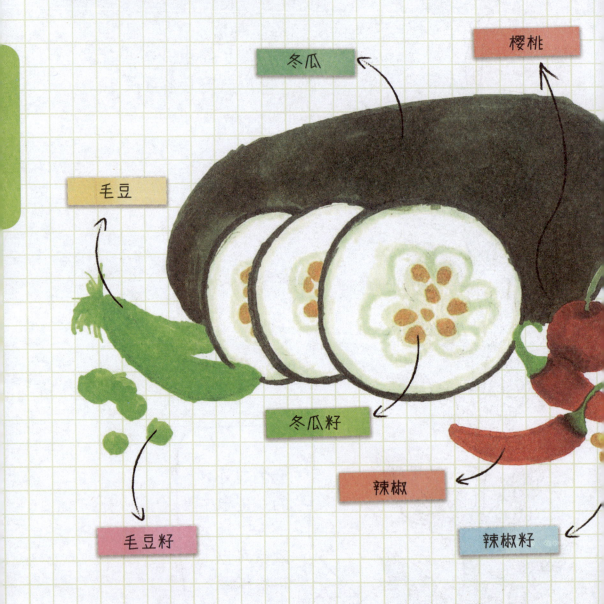

冬瓜

樱桃

毛豆

冬瓜籽

辣椒

毛豆籽

辣椒籽

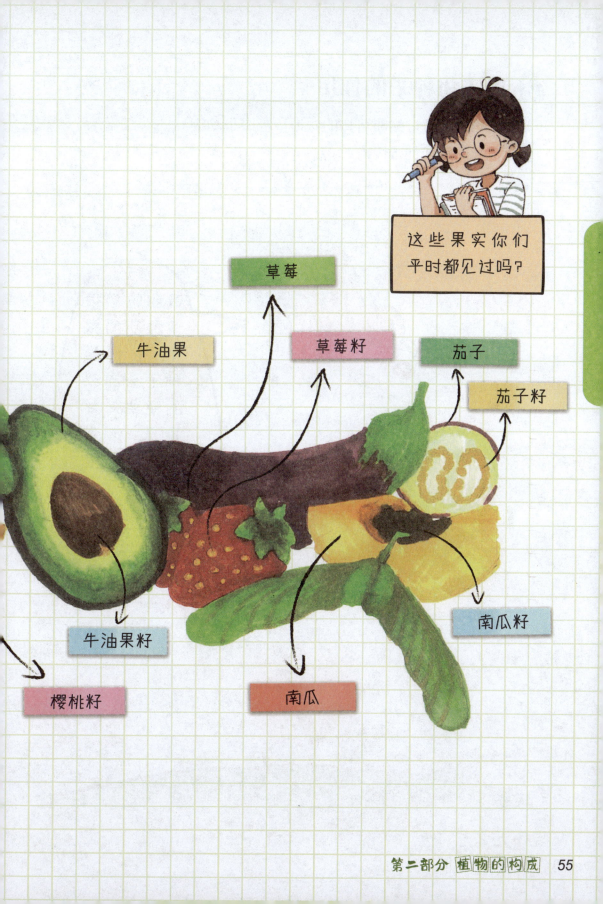

## 2. 果实和种子的作用

一些果实通过酸甜可口的味道，吸引小动物来吃，从而帮助种子传播。

我刚吃了很多酸甜的樱桃，它们的种子会和我的便便一起排出，落到地上，生根发芽。

一些果实有特殊的本领，可以帮助种子传播。

凤仙花的果实会爆炸，可以将种子发射到远处。

槭树的果实有"翅膀"，可以帮助种子"飞"得更远。

苍耳的果实有小刺，可以挂在动物的毛发上。

有些果实的果皮坚硬，可以保护种子。有些果实的果皮中储存了许多营养物质，有助于种子的发育。

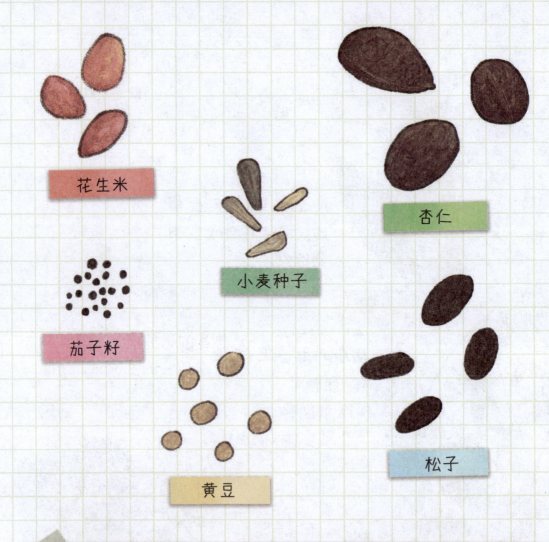

花生米

小麦种子

杏仁

茄子籽

黄豆

松子

根、茎、叶作为植物的营养器官，花、果实和种子作为植物的繁殖器官，它们互相协作，只为了一个共同的目标：繁衍，繁衍，还是繁衍！

## 3. 种子的结构

### 观察种子的内部

　　将一颗新鲜蚕豆在清水中浸泡 1 小时，然后再用镊子轻轻地剥开种皮，进行解剖。

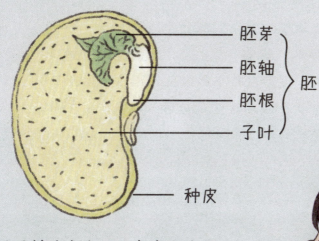

胚芽

胚轴　　　　胚

胚根

子叶

种皮

　　用同样的办法，观察其他种子，看看它们的结构是否相同。把你的观察结果画下来吧。

## 4. 种子发芽的条件

猜一猜，种子发芽需要哪些条件？

□阳光　　□水　　□空气　　□温度

来做实验求证一下吧！

①准备 4 个透明杯子，并分别标上号。

②1 号杯中不加水，有空气。2 号杯中倒满水。3、4、5 号杯中垫上吸满水的纸巾。然后在每个杯中放入几粒黄豆种子。

③1、2、3 号杯放在温度适宜的地方，4 号杯放在冰箱里，5 号杯放在完全黑暗避光的环境中。

1 号杯　　2 号杯　　3 号杯

4 号杯　　5 号杯

# 实验记录表

|  | 阳光 | 水 | 空气 | 温度 | 是否发芽 |
|---|---|---|---|---|---|
| 1 号杯 | √ | × | √ | √ | 没有发芽 |
| 2 号杯 |  |  |  |  |  |
| 3 号杯 |  |  |  |  |  |
| 4 号杯 |  |  |  |  |  |
| 5 号杯 |  |  |  |  |  |

原来种子是这样发芽的。

**小结论：** 种子的发芽离不开水、空气和适宜的温度。虽然种子发芽不需要阳光，但幼苗的生长离不开阳光。

第三部分

我们身边的植物

# 一、美丽的植物

## 1. 芳香的茉莉花

"好一朵美丽的茉莉花，芳香美丽满枝桠，又香又白人人夸……"你家种植过茉莉花吗？洁白芳香的茉莉花，给人以小巧清纯的印象，受到许多人的喜爱。

紫茉莉的种子，像一颗小"地雷"。

**花**
茉莉花喜欢温暖湿润的环境。5~8月开花，7~9月结果。

**果**
果实成熟后为紫黑色，和紫茉莉的果实很像，但形状更圆。

## 2. 优雅的蝴蝶兰

你家里是否有蝴蝶兰？按照下面的方法，我们一起来观察一下吧。

蝴蝶兰观察笔记

|  | 看一看 | 闻一闻 | 摸一摸 |
|---|---|---|---|
| 花朵 |  |  |  |
| 叶子 |  |  |  |
| 根 |  |  |  |

# 3. 文竹和富贵竹

文竹不是竹子，但因为外貌"文雅似竹"，所以叫文竹。

文竹

叶：为了减少水分的蒸发，叶子已经退化成三角形的鳞片。

茎：这些羽毛状的"叶子"其实是茎的分枝，可以进行光合作用。

花：文竹的花期常在 9~10 月，它们不常开花，因此开花会被人们视作好运的兆头。

富贵竹

富贵竹也不是竹子，但是外形和竹子一样秀美潇洒。它是常绿植物。因为名字吉利，好养活，许多家庭都有它的身影。

# 4. 紫色的瀑布——紫藤

4月，公园里的紫藤花开了。一串串的紫色小花垂下，形成了紫色的瀑布。

紫藤花是木质藤本植物，它们的茎没有办法直立，必须缠绕别的物体向上攀升。

**茎**
你发现了吗？紫藤花茎的缠绕方式是逆时针的，被称为"左旋"。

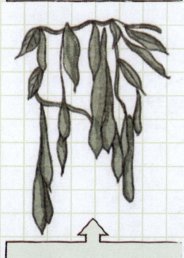

**荚果**
紫藤花的荚果是倒披针状的。

**种子**
紫藤花的种子是褐色、扁圆形的，具有光泽。

# 5. 猬实

5月，一部分花朵已经凋谢，公园里却出现了一树繁花。粉色的漏斗状小花，一朵挨着一朵，繁花似锦，好不热闹。真是一处独特的风景线。

猬实果实

猬实花朵

我是中国特有的植物。因为果实长满小刺，像刺猬一样，所以被称作猬实。

# 6. 随风飘扬的柳树

　　唐诗《咏柳》写出了柳枝的颜色、外貌、叶片形状，还有发芽的季节，最主要的是描写出了柳树的柔美灵动。

　　花：柳树的花是不完全花，柳树雌雄异株，分为雌株和雄株。

　　种子：柳树的种子只有芝麻大小，种皮很薄，很容易失水死亡。为了快速落到适合的地方生根发芽，种子生长出了柳絮，辅助种子随风飘扬，飞向远方。只有雌株柳树会产生柳絮。

## 咏柳

【唐】贺知章

碧玉妆成一树高，

万条垂下绿丝绦。

不知细叶谁裁出，

二月春风似剪刀。

# 无心插柳柳成荫

柳树有强大的生命力。俗话说："有心栽花花不发，无心插柳柳成荫。"柳条插进泥土里就能存活。又因为"柳"和"留"谐音，古时候，人们常用柳枝来表示依依惜别的不舍之情，也祝愿友人能像柳枝一样，在新的地方也能生根发芽，顽强成长。

你也来试一试，看柳条能否成活？

①寻找合适的柳枝。　②剪去多余的枝条。　③在柳枝末端剪出斜口。

④找一个花盆并填土。　⑤插入柳枝，浇入适量的水。

# 7. 灿烂的向日葵

你知道吗？一朵向日葵里有上千朵花。向日葵的花其实分为舌状花和管状花两种。每朵向日葵的花盘中，有 1000~1500 朵管状花。

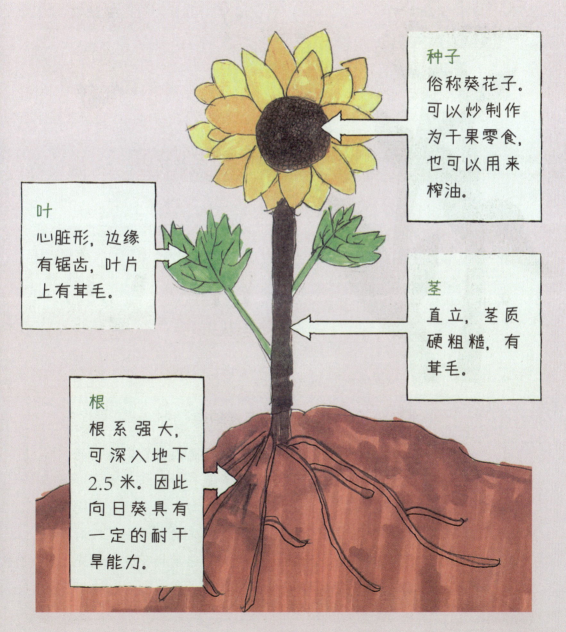

种子
俗称葵花子。可以炒制作为干果零食，也可以用来榨油。

叶
心脏形，边缘有锯齿，叶片上有茸毛。

茎
直立，茎质硬粗糙，有茸毛。

根
根系强大，可深入地下 2.5 米。因此向日葵具有一定的耐干旱能力。

舌状花

管状花

管状花

舌状花

舌状花

管状花

## 为什么向日葵会随着太阳转动?

　　向日葵之所以会随着太阳转动，主要是因为它们体内的植物生长素对光线的反应。植物生长素是一种特殊的激素，它非常害怕阳光，因此当太阳从东边升起时，阳光照射在向日葵的嫩茎上，植物生长素就会移动到背光的一面去，同时刺激细胞拉长，使得背光面比向阳面生长速度快，产生向光性弯曲，从而使向日葵慢慢地向太阳转动。

## 8.昂扬挺拔的蜀葵

　　因为这种植物较多生长在我国的四川，又是锦葵科植物，所以被命名为"蜀葵"。它的花朵大且艳丽，花期长，好养活，深受人们喜爱。在夏季的城区花园和田间地头，常可以见到它昂扬挺拔的身姿。

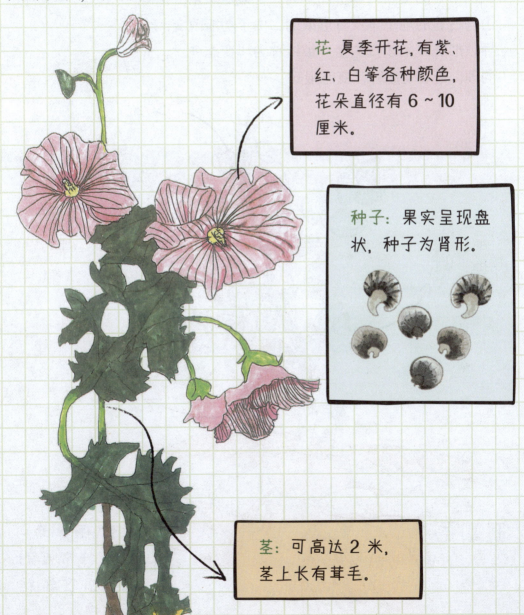

花: 夏季开花,有紫、红、白等各种颜色,花朵直径有 6 ~ 10 厘米。

种子: 果实呈现盘状,种子为肾形。

茎: 可高达 2 米,茎上长有茸毛。

# 二、美味的植物

## 1. 马铃薯和甘薯

　　马铃薯也就是我们日常所说的土豆，你知道我们常吃的是它的哪个部分吗？答案是块茎，是由马铃薯的地下茎发育形成的。由于功能改变，导致形态发生改变的茎，被统称为"变态茎"。同理，还有变态叶、变态根等。

花
一般为白色或紫色。

叶

地上茎

块茎
能贮存营养。是一种常见的蔬菜，也是粮食作物。

匍匐茎

甘薯和马铃薯不同，我们经常食用的是甘薯的块根。

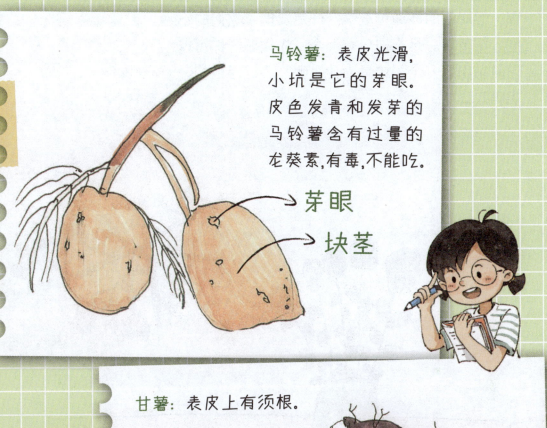

马铃薯：表皮光滑，小坑是它的芽眼。皮色发青和发芽的马铃薯含有过量的龙葵素,有毒,不能吃。

芽眼

块茎

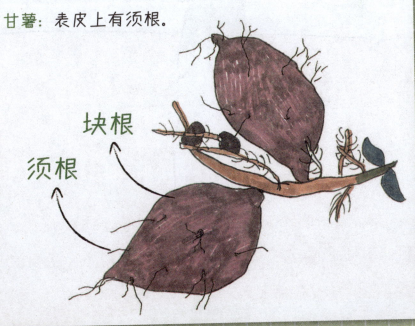

甘薯：表皮上有须根。

块根

须根

## 2. 五彩缤纷的萝卜

萝卜和甘薯一样，我们食用的都是植株的根部。但聪明的你通过观察，一定发现了它们的不同：胡萝卜总是一株只有一个，而甘薯一株可以同时结出好多个。这是为什么呢？还记得根的分类吗？

甘薯

萝卜

俗话说："一个萝卜一个坑"，因为萝卜是直根膨胀发育而来的，所以植物只有一根直根。而甘薯是由须根发育而来的，植物有许多须根。

芜菁甘蓝

西瓜萝卜

萝卜

红萝卜

樱桃萝卜

# 3. 洋葱和大蒜

洋葱是二年生至三年生的草本植物，属于百合科葱属植物，鳞茎是一种美味的富含营养的蔬菜。

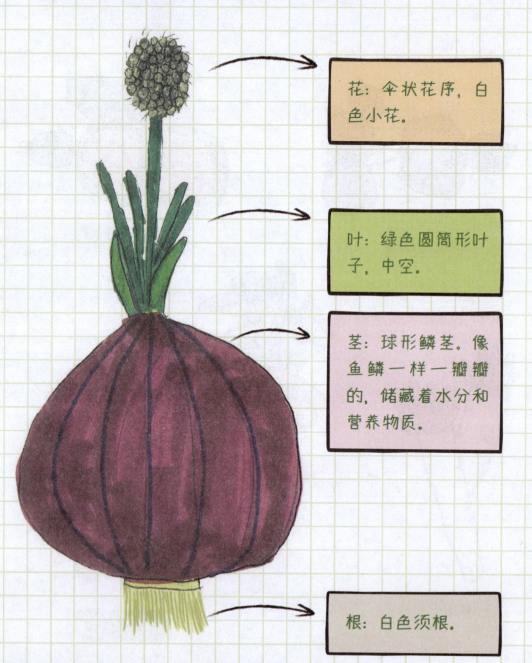

花：伞状花序，白色小花。

叶：绿色圆筒形叶子，中空。

茎：球形鳞茎。像鱼鳞一样一瓣瓣的，储藏着水分和营养物质。

根：白色须根。

大蒜也属于百合科葱属植物，常食用的部位也是它的鳞茎，是一种常见的调味品。

花

叶

茎

根

### 刺激性的气味

大蒜在细胞被破坏时会分解出具有刺激味道的蒜素，它的这种自我防御机制，却成了很多人喜爱它独特风味的原因之一。同理，洋葱为了自我保护，在细胞被破坏时会释放出一种特殊的酶，这种酶和洋葱自身的氨基酸发生反应，会产生一种带有硫黄的刺激气体。所以，我们在切洋葱时会流眼泪（流泪是因为人体在自我防御，想用泪水把刺激物从眼睛里冲刷走）。神奇的自我防御机制！

## 4. 辣椒和苦瓜

说起自我保护机制和强烈的气味，当然还少不了辣椒和苦瓜两种植物。

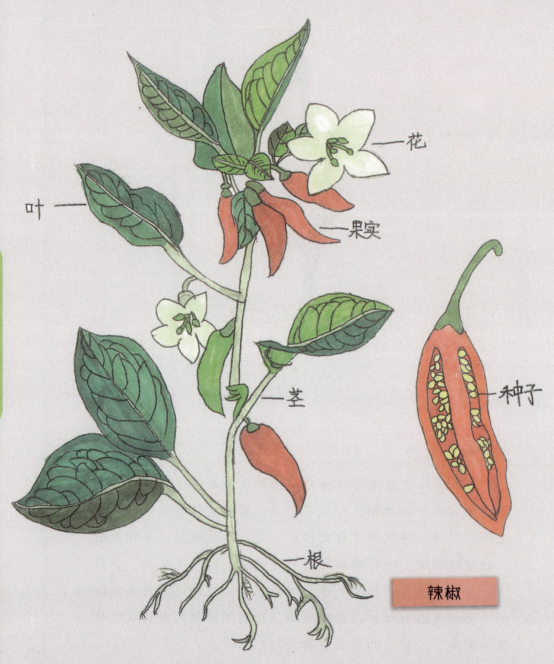

花

叶

果实

种子

茎

根

辣椒

因为鸟类对辣味不太敏感，辣椒想依靠鸟类帮忙传播种子，于是通过进化，产生辣味素来保护自己，免遭哺乳动物吞食。

苦瓜也想用苦味素来保护自己，无奈许多人恰恰非常喜欢它独特的苦味。

小朋友，像80页图一样，把苦瓜的各个部分标注出来吧!

苦瓜

我发现了一种美味的食物，一起吃吧!

救命啊! 我的嘴巴要着火了!

# 5. 草莓和苹果

　　草莓和苹果虽然都是水果，看起来却并没有太多的联系。但是，当我们查阅资料后，就会发现，它们同属于蔷薇科植物。蔷薇科植物的进化较为聪明，这一点从草莓和苹果的身上就能体现出来。

盖

果实

花

草莓

花托

　　草莓红红的部分并不是果实，而草莓上那些黑芝麻一样的小颗粒才是。这些小颗粒属于草莓的瘦果，其中包裹着草莓的种子。而我们常吃的草莓肉是由花托发育而成的。

苹果也是，我们常吃的苹果肉不是苹果的果实，实际上是由花托部分发育而来的。
　　通常由子房发育而成的果实被称作真果，而由花托、花萼等发育而成的果实，则被称作假果。

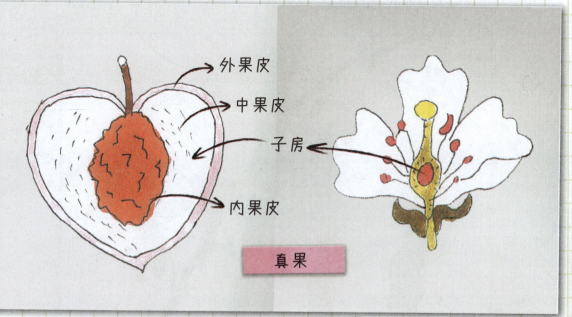

外果皮
中果皮
子房
内果皮

真果

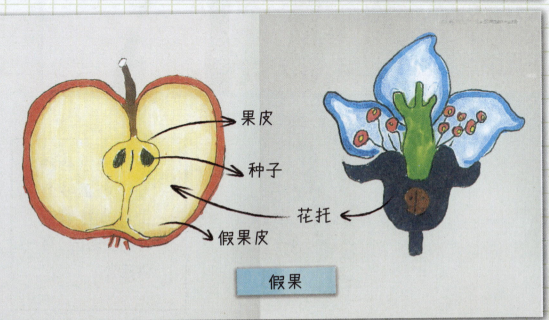

果皮
种子
花托
假果皮

假果

## 6. 鲜美的竹笋和芦笋

竹笋是禾本科竹亚科植物的嫩芽。在雨水充足的时候，竹笋很快就破土而出，并且迅速生长，一天能长2米高。成语"雨后春笋"形容的就是新生事物迅速而大量地涌现出来。

竹子

竹笋

芦笋是百合科天门冬属多年生草本植物石刁柏的幼苗，可供蔬食。

# 三、超酷的植物

## 1. 浑身长满刺的仙人掌

仙人掌生活在沙漠里，干旱的环境让它进化出自己独有的本领。

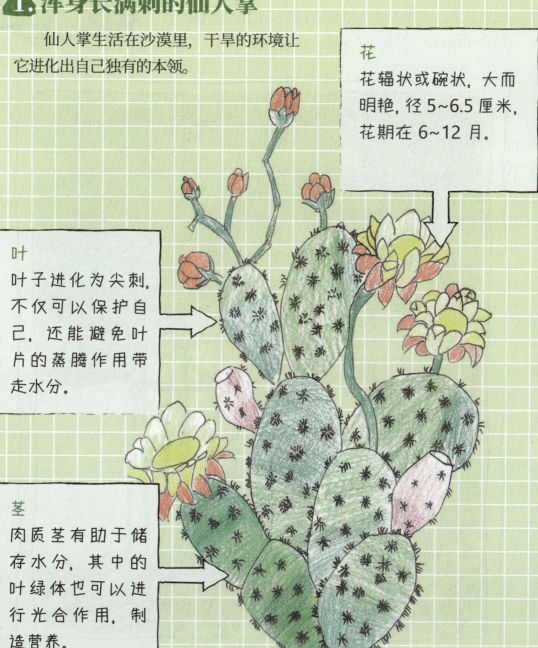

花
花辐状或碗状，大而明艳，径 5~6.5 厘米，花期在 6~12 月。

叶
叶子进化为尖刺，不仅可以保护自己，还能避免叶片的蒸腾作用带走水分。

茎
肉质茎有助于储存水分，其中的叶绿体也可以进行光合作用，制造营养。

榕树果实

## 2. "独木成林"的榕树

　　榕树生长在温暖湿润的环境里，在我国南方城市可以经常见到它的身影。榕树的树干非常粗壮，似乎是由许多树干缠绕组成的，树枝上还垂下像"胡子"一样的须，但其实这仅是一株榕树和它的气生根。

榕树

榕树果实里面有三种花。雄花传授花粉，雌花孕育果实。瘿（yǐng）花，是由雌花特化而来的中性花，既不传授花粉，也不孕育果实，而是为一种与榕属植物共生存的榕小蜂，提供产卵、孵化的场所。

雄花

瘿花

雌花

①雌性榕小蜂钻进果实里，同时舍去自己的翅膀。

②雌性榕小蜂在这里产卵。它将腹部的花粉涂抹在没有授粉的花上，为花朵授粉，然后死去。

③5周后，卵成熟。雄性幼虫最先孵化，和雌性卵交配。雌性卵受精后，雌性榕小蜂孵化。

④雌性榕小蜂飞出榕果，寻找其他未成熟的果实产卵。

桑科大家族中的菠萝蜜、桑树、无花果、榕树，它们都是隐花植物。

# 3. 会 "吃肉" 的植物

　　猪笼草、茅膏菜、捕蝇草都是会"吃肉"的植物。它们生活的热带和亚热带地区，降雨量多，土壤贫瘠，缺乏植物生长所必需的氮元素，而所有的昆虫体内都含有丰富的氮元素。为了更好地生存，部分植物便各自发挥本领，让叶子进化出了捕食昆虫的能力。

### 猪笼草
猪笼草的捕虫笼里有香甜的汁液，诱导昆虫和小型哺乳动物前来觅食，从而误入"陷阱"。笼蔓的内壁十分光滑，猎物很难攀爬逃脱。

笼蔓

笼盖

捕虫笼

**茅膏菜**

茅膏菜的绝技是"粘"，它的叶片上长有许多腺毛，能分泌黏液，引诱昆虫，当昆虫碰到黏液后，腺毛立刻收缩，将昆虫粘捕并消化吸收。

**捕蝇草**

捕蝇草叶子的顶端长有一个酷似贝壳的捕虫夹，且能分泌蜜汁，当有昆虫闯入时，能以极快的速度将其夹住，并消化吸收。

## 4. 会变色的花

金银花的学名叫"忍冬"，因为花朵有黄、白两种颜色，所以又被称作"金银花"。金银花在刚开花时，花朵都是白色的，但是随着时间的推移，有一部分花朵变成了黄色，这是为什么呢？原来，金银花变色可以提高传粉的效率。

> 通过颜色，我就能知道哪朵花更美味，也能更有效率地帮助花朵传粉。

> 我已经开过一段时间，已经有其他昆虫来过了。

> 我刚刚开放，花粉、花蜜的含量很高，快来吃吧！

仔细观察，你会发现金银花的一个花蒂上，花朵成对开放、形影不离，具有"一蒂二花"的特性。闻一闻，你会发现金银花自带清香。在确保安全卫生的情况下，你还可以吸一吸金银花的花蜜，尝尝那份独特的香甜。

牵牛花也会变色，同一朵牵牛花早上是紫蓝色的，晚上可能就变为了红色。这是由于花青素的影响。

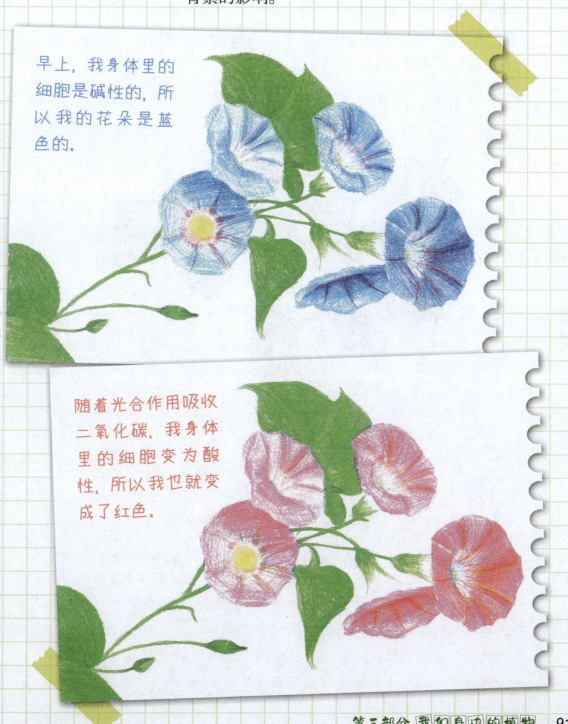

早上，我身体里的细胞是碱性的，所以我的花朵是蓝色的。

随着光合作用吸收二氧化碳，我身体里的细胞变为酸性，所以我也就变成了红色。

# 5.有些可怕的寄生植物

寄生植物不含叶绿素或只含有很少的叶绿素，不能自己制造养分，因为缺少"自己动手，丰衣足食"的本领，所以寄生在其他植物身上，吸取其他植物的营养，过着"不劳而获"的生活。

菟丝子具有可怕的繁殖能力，一株菟丝子能结出约 3000 粒种子，种子在土壤中越冬，第二年夏季萌芽。

菟丝子

菟丝子依靠寄生豆科、茄科、菊科等植物为生，最常寄生在豆科植物上，所以又被称为"大豆菟丝子"。它们用嫩黄色的茎蔓缠绕大豆，将吸器伸入大豆的茎内吸取养分。被寄生后，大豆植株会营养不良甚至枯黄而死。

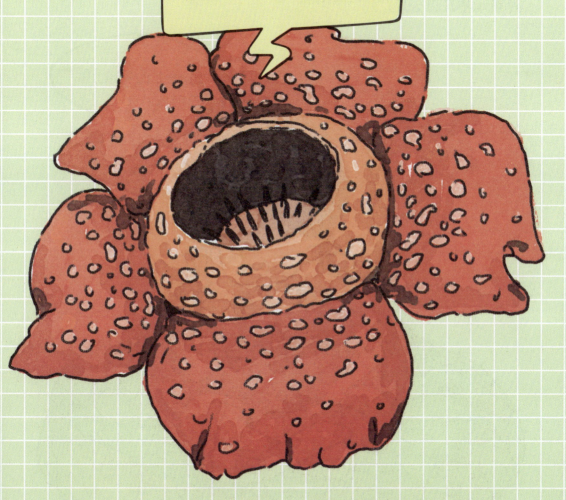

大王花

　　大王花是大花草科的肉质寄生草本植物。它们常生长在热带雨林之中，寄生于植物的根、茎或枝条上。为了生存，它们将菌丝体状的器官侵入寄主的身体内，吸取营养。

# 6. 巨大的叶子

　　王莲俗称"大王莲"，是睡莲科王莲属植物的统称。王莲是叶片最大的水生植物，它们巨型的叶片直径可达1米至3米，边缘向上直立，叶片可承重几百公斤。

坐在上面完全没问题呢!

观察王莲叶片的结构，你发现它支撑力强的秘密了吗？

叶片中间水平，边缘垂直，这样的结构有利于增强浮力。

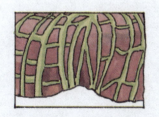

叶脉突起，呈网状分布，能帮助叶片分散力量。

叶脉虽然粗壮，但是内部为海绵状，空隙中充满着空气。这样不仅能减少叶脉自身重量，还有利于增强叶片浮力。

叶脉和叶柄上长有2~3厘米的锐刺，避免鱼儿咬食破坏。

# 第四部分

## "傻傻分不清"的植物

## 1. 韭菜和麦苗

小麦在开花或者结出麦子时，很好辨认，但是在幼苗时期，许多人都会将它与韭菜弄混淆。

韭菜和麦苗的区别，通过仔细观察，你一定能发现其中的奥秘。

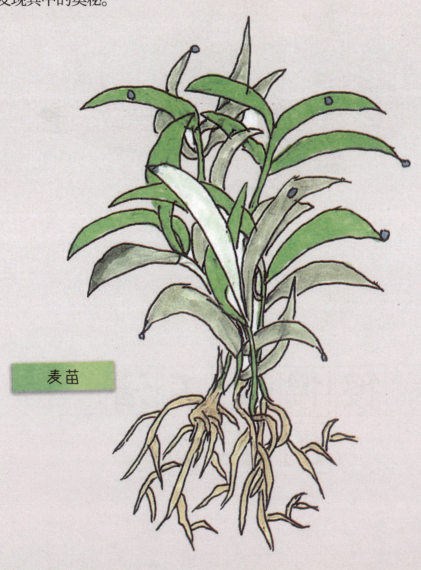

麦苗

除了用眼睛看，你还可以调动其他感受器官去观察韭菜和麦苗。摸一摸，你会发现韭菜的叶子较厚，而麦苗的叶子较薄；韭菜的叶子相对容易折断，而麦苗的叶子则较为坚韧。尝一尝，你会发现韭菜叶子的味道更强烈，有辛辣味。

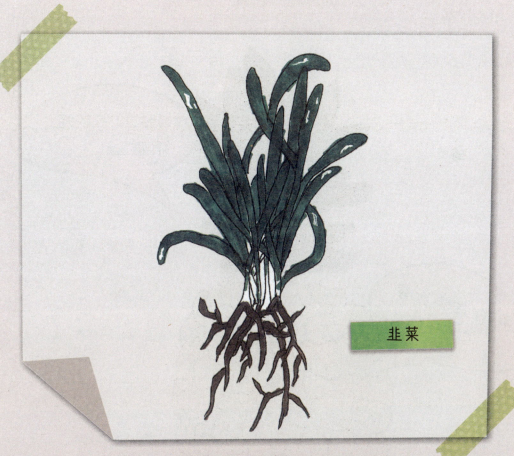

韭菜

观察这两种植物，在你觉得对的方框中打"√"

□麦苗的叶片颜色比较浅，没有光泽；而韭菜的叶片更光滑油亮。

□麦苗的叶尖较尖，韭菜的叶尖更圆润。

□麦苗的叶子数量多，而韭菜为一簇簇的，叶子数量较少。

□韭菜的叶子更长、更高，而麦苗的叶子相比较更短。

□麦苗的根系主要由细小的须根组成，而韭菜的根更粗，颜色更深。

## ②. 菠萝和凤梨

　　关于菠萝和凤梨的区别，大家一直争论不休。其实，它们都是凤梨科凤梨属的植物，属于同一类。凤梨原产于南美洲，在引进培育的过程中，出现了不同的品种，加上各地区的叫法不同，才引起了争论。

菠萝

　　人们常将巴厘品种的凤梨称作菠萝。

我国的台湾地区将这一类水果都称作"凤梨"，我国有些地区还会称它们为"王梨""黄梨"。

> 我的叶片比较长，边缘没有锯齿。

> 我的果眼比较大，口感比较好，不用泡盐水

凤梨

　　卡因系品种的凤梨又被称作"金菠萝"，常被当作凤梨的代表。

# 3. 板栗和七叶树

板栗的果实香甜，富含营养。七叶树的果实外表与板栗有一些相似，但是却含有毒素。我们一定要仔细分辨板栗和七叶树。

**壳斗**
有密密麻麻的长刺，一个壳斗里常有 2~3 个果实。

**叶**
单叶，叶片常呈椭圆形，边缘有刺毛状齿。

花柱

子房

总苞

雄花

雌花

**花**
雌雄同株异花，雄花的花序很长，有 8~20 厘米。

七叶树

**叶**
掌状复叶，由5~7小片小叶组成，叶柄长10~12厘米。

**花**
花丝线状，花药淡黄色，花瓣白色，花序近圆柱形。

**壳斗**
刺少且短，一个壳斗里有1~2个果实。

果实

在野外，遇到不熟悉的植物，千万不要轻易食用。

# 二、家居植物

## 1. 白掌和马蹄莲

　　白掌和马蹄莲都是天南星科植物，但在形态特征、花期、分布和生长环境等方面都存在明显的区别。

花

佛焰苞稍卷，不呈现喇叭状，而像一面白色的风帆，有"一帆风顺"的美好寓意。肉穗花序多为黄色或白色。

叶

叶柄较长，叶片长椭圆形，两端逐渐变尖。

白掌

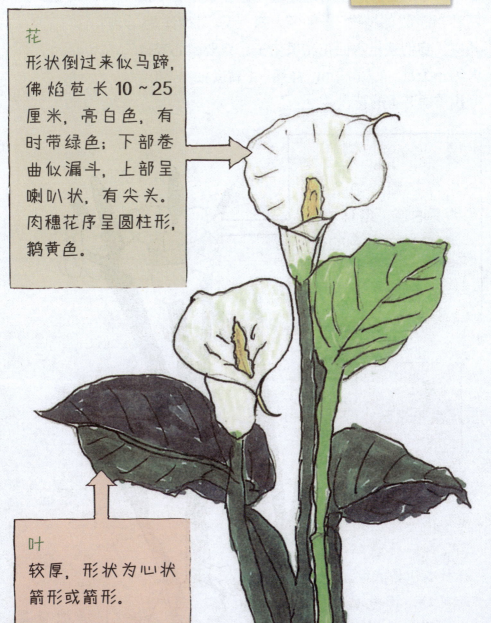

**花**

形状倒过来似马蹄，佛焰苞长 10～25 厘米，亮白色，有时带绿色；下部卷曲似漏斗，上部呈喇叭状，有尖头。肉穗花序呈圆柱形，鹅黄色。

**叶**

较厚，形状为心状箭形或箭形。

## 2. 水仙花和风信子

在冬末春初，你一定见过有人在家里养了这两种"奇怪"的植物：一种像大蒜，另一种像洋葱。其实，它们就是水仙花和风信子。只要耐心等待大约一个月，"大蒜"和"洋葱"上就会抽出茎叶，开出美丽芳香的花。

花
6 片花瓣，花朵多为黄白色，俗称"一清二白"。黄色的花瓣，形状像小碗，保护着花蕊。

叶
扁平带状。

水仙花
水仙花是石蒜科水仙属植物，开花后，清秀端庄，花如其名，就像花中的仙子。

鳞茎
汁液有毒，像大蒜一样为瓣状。

花
花朵簇拥状，颜色有粉、蓝、黄、白等多种。

叶
叶片比水仙花更厚、更肥大。

鳞茎
汁液有毒，像洋葱一样一层层的。

风信子

　　风信子原产于地中海沿岸，是天门冬科风信子属的植物，又被称作西洋水仙、五色水仙。

# ③. 铜钱草和镜面草

　　天胡荽（suī）：圆圆的叶片，像一枚枚铜钱，因此又被叫作铜钱草。许多人将它养殖在家中，作为盆栽或者水族箱里的装饰植物。铜钱草与荨麻科植物——镜面草，外形十分相似，但只要掌握"看叶脉中心点的位置"这一技巧，我们很容易就能区分出它们。

铜钱草

叶脉的中心点在叶片的圆心。

　　除此之外，铜钱草的叶片为正圆形，边缘呈波浪形起伏；而镜面草的叶片更厚，且偏椭圆形，叶片边缘平滑。

叶脉的中心点在叶片的上方。

镜面草

# 4. 芋头和佛手莲

粉蒸芋头、芋头扣肉、拔丝芋头……关于芋头的美食你都吃过吗？芋头是天南星科的草本植物，它地下的肉质球茎是我们常吃的蔬菜。

佛手莲同样是天南星科的草本植物，因为叶片会滴水，又被称作"滴水观音"。虽然含有毒素，但因为可以净化空气，具有观赏价值，很多家庭都有种植。

仔细观察这两种植物，你可以找出区分它们的方法。

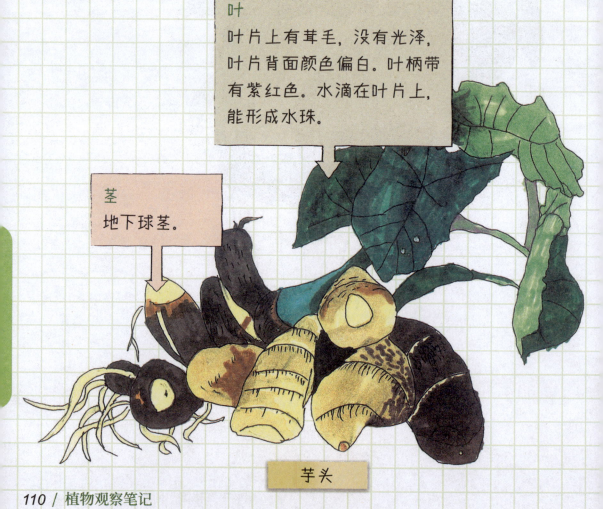

**叶**

叶片上有茸毛，没有光泽，叶片背面颜色偏白。叶柄带有紫红色。水滴在叶片上，能形成水珠。

**茎**

地下球茎。

芋头

滴水观音茎内的白色汁液和叶子上滴下来的水含有毒素，如果接触皮肤，可能导致皮肤瘙痒或刺疼。如果不小心与眼睛接触，还会引起严重的结膜炎。

茎
有粗壮的地上茎。

叶
叶片更有光泽，颜色更加翠绿，正反面颜色差别小。叶柄也是绿色的。水滴在叶片上，不能形成水珠。

佛手莲

# 三、公园、郊野植物

## 1. 真假薰衣草

千屈菜：草本植物，别名"水柳"，常生长在水边。单朵花有6片花瓣，花朵颜色偏紫红。

鼠尾草：草本植物。花冠唇形。叶片椭圆形，两端渐尖。和我们熟悉的"一串红"为亲戚。

马鞭草：草本植物。花朵伞状，花朵较小，单朵花瓣有5片。

薰衣草：灌木。花朵穗状，花瓣唇形。树叶细长，上面有灰色茸毛。

A

B

C

D

请仔细观察，并将上面几株植物的序号填到对应的名称下。

①薰衣草　　②马鞭草　　③鼠尾草　　④千屈菜
（　）　　　（　）　　　（　）　　　（　）

## 2. 迎春花和连翘

迎春花和连翘的花朵都是黄色的，外形、开放的时间也接近，因此许多人会将它们弄混淆。仔细观察，你会发现区分它们的方法。

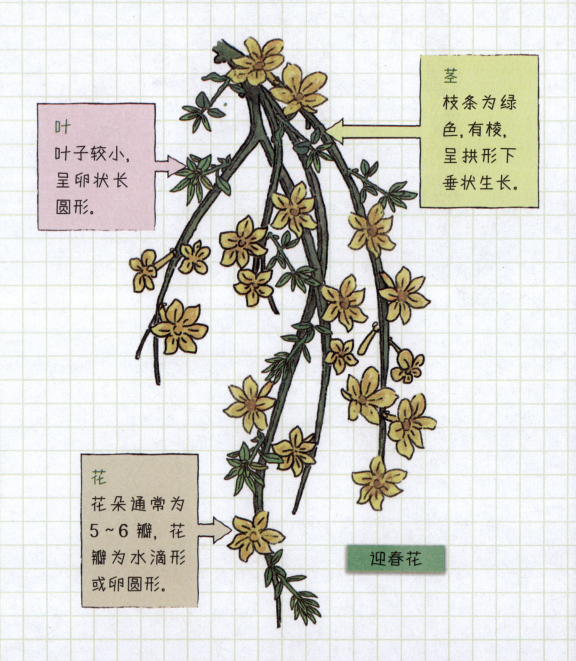

**叶**
叶子较小，呈卵状长圆形。

**茎**
枝条为绿色，有棱，呈拱形下垂状生长。

**花**
花朵通常为 5~6 瓣，花瓣为水滴形或卵圆形。

迎春花

早春的花朵为什么都是黄色?

你发现了吗? 连翘、迎春、油菜花、蒲公英等早春的花朵都是黄色的, 有一种观点认为, 黄色是蜜蜂、虻、食蚜蝇等传粉昆虫最喜欢的颜色。早春的许多花朵, 不约而同开出黄花, 是为了吸引昆虫们来传粉。

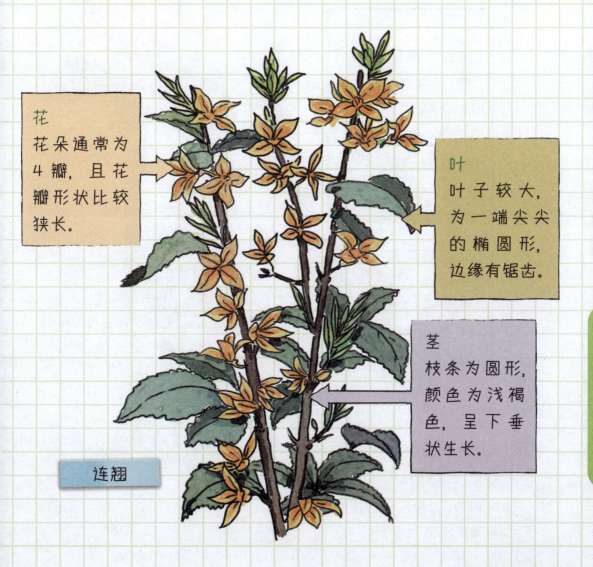

**花**
花朵通常为4瓣, 且花瓣形状比较狭长。

**叶**
叶子较大, 为一端尖尖的椭圆形, 边缘有锯齿。

**茎**
枝条为圆形, 颜色为浅褐色, 呈下垂状生长。

连翘

第四部分 "傻傻分不清" 的植物 **115**

# 3. 玫瑰和月季

"赠人玫瑰，手有余香"。我们对玫瑰并不陌生，但可能并不真正的了解。花店中售卖的花苞为水杯形状的玫瑰其实也是没有完全盛开的月季。玫瑰和月季仿佛两位花园里带刺的美人，让人傻傻分不清楚。

**叶**

叶片为椭圆形或者一端尖尖的椭圆形，没有光泽，边缘有尖锐锯齿,叶脉凹陷。由5~9片小叶组成羽状复叶。

**茎**

茎干较为粗壮，枝条上有许多刺。

**玫瑰**

玫瑰原产于中国，外形并没有切花月季美观，但因为香味浓厚，常被用来制作糕点和香水。

叶
由 3~5 片 小 叶 组成羽状复叶，叶片表面深绿有光泽，叶背为青白色。

茎
刺较少，且刺较硬。

月季

　　月季的品种有很多，颜色也多样，花朵比玫瑰更美。花色以红色为主，也有白色、黄色等。可以四季开花，得名"月月红""长春花"。

# 4. 虞美人和花菱草

虞美人是一种花朵娇美的植物，受到许多人的喜爱。花菱草又叫"金英花"，在我国广泛种植，也是花坛中的常客，它的外形和虞美人有些相似。仔细观察这两种植物，你会发现它们的不同之处。

花
花朵较大，花期较短。花蕾为尖椭圆形，向下弯曲。

茎
布满白色的茸毛。

叶
不规则分裂，比花菱草叶片宽。

虞美人

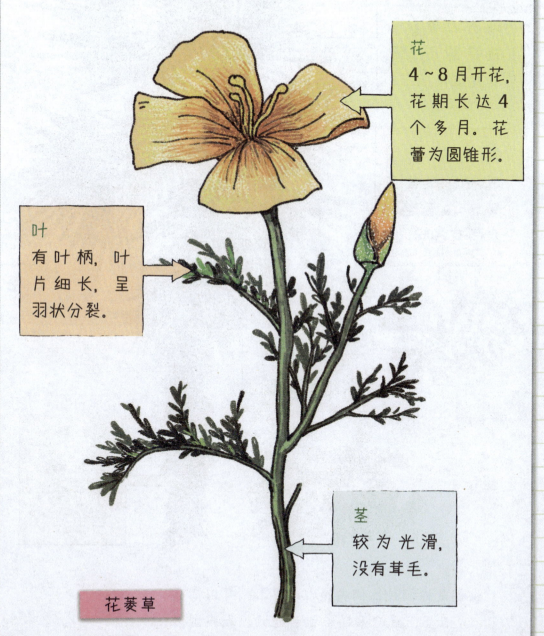

花
4~8月开花,花期长达4个多月。花蕾为圆锥形。

叶
有叶柄,叶片细长,呈羽状分裂。

茎
较为光滑,没有茸毛。

花菱草

## 5. 棕榈和蒲葵

**叶**

叶片为掌状,接近圆形。深裂为剑形裂片。

**果**

成熟后从黄色变成淡蓝色,表面有白粉。

**花**

黄绿色,球形。

**茎**

圆柱形,树干有褐色棕毛。

棕榈

　　棕榈是棕榈科棕榈属的常绿乔木,可以高达7米,是世界上最耐寒的棕榈科植物,在我国多地可种植。

叶
掌状分裂，叶裂比棕榈浅，叶裂尖端自然下垂。

果
橄榄形状，黑褐色。种子呈椭圆形。

花
黄色,分支花序。

## 蒲葵

　　蒲葵是棕榈科蒲葵属木本植物，可以高达 20 米。它们不耐寒，生活在温暖的热带和亚热带地区。

## 6. 松树和柏树

　　"岁寒，然后知松柏之后凋也"，在万物凋零的寒冬，松树、柏树仍翠绿挺拔，让人看了不免心生敬意和希望。松树、柏树是四季常青的乔木，而且都属于裸子植物。我们来认识一下它们吧。

**果**
球形松果，成熟后为松塔。

**叶**
细长针叶，两针成一束.很扎手。

**茎**
多分枝.树皮较厚，有鳞片状或不规则裂纹。

油松

茎
树皮有流
水状裂纹。

叶
鳞片状,不扎手。
俗话说"青松翠柏",
柏树的树叶比松树
更加翠绿。

柏树

果
成熟后为暗褐
色,果球表面有
白色粉末,内有
1~4 颗种子。

#  槭树家族

　　我国是世界上槭属植物资源最为丰富的国家，约有149种。生活中常见的三角槭、元宝枫、鸡爪槭和红枫都是槭属植物。我们一起来观察它们吧，你一定会发现它们之间的不同之处。

> 三角槭的叶片像小鸭子的脚掌。

三角槭

　　叶：常浅裂为3片，形状像小鸭子的脚掌。

　　花：开淡黄色小花，花序为伞状。

　　果：翅果，两翅成锐角或者近乎直立。

　　花果期：4月开花，9月结果。

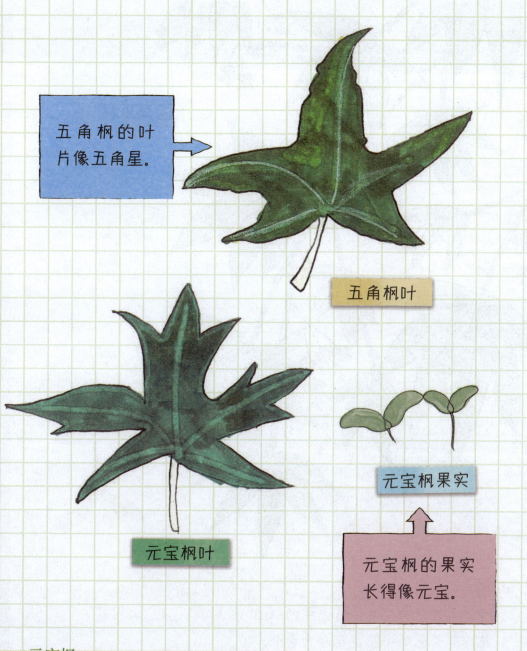

五角枫的叶片像五角星。

五角枫叶

元宝枫果实

元宝枫叶

元宝枫的果实长得像元宝。

元宝枫

　　叶：常为5裂，有时裂片上会又产生3裂。

　　花：开黄绿色小花，花序为伞状。

　　果：翅果，翅膀上扬，形状像元宝。

　　花果期：4月开花，9月结果。

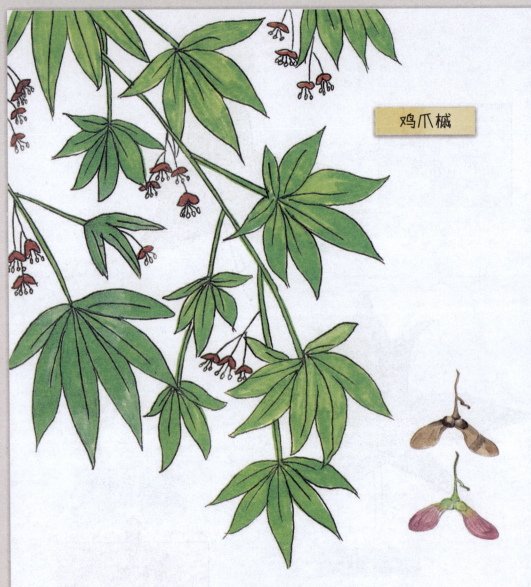

鸡爪槭

**鸡爪槭**

叶：常开裂为 7 片，有尖尖的锯齿。

花：开紫色的小花，花序为伞状。

果：翅果，翅膀向下成钝角。嫩时为紫红色，
　　成熟时为淡棕黄色。

花果期：5~9 月。

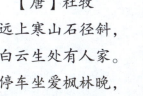

# 山行

【唐】杜牧
远上寒山石径斜，
白云生处有人家。
停车坐爱枫林晚，
霜叶红于二月花。

## 红枫

红枫是鸡爪槭的变种，属于常色树种，树叶从春季到秋季都是红色。和鸡爪槭的树叶不同，红枫的叶片开裂很深，甚至到了叶基部，叶片边缘有明显锯齿。

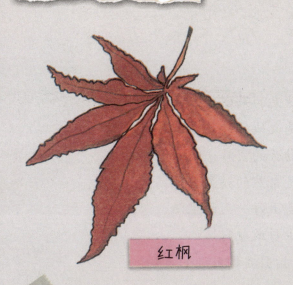

红枫

鸡爪槭

## 树叶为什么会变红？

科学实验证明，植物叶片除了含有叶绿素、叶黄素、胡萝卜素等色素外，还有一种叫花青素的特殊色素，它是一种"变色龙"，在酸性溶液中呈红色。随着季节更替，气温、日照发生变化，叶片中的主要色素成分也会发生改变。到了秋天，气温降低，光照减弱，对花青素的形成有利，因枫树等红叶树种的叶片细胞液呈酸性，所以，整个叶片便呈现红色。

# 寄语

夏日的绿叶，秋天的果实……

多彩的植物，是大地的诗篇。

活泼的小狗，勤劳的蜜蜂……

多样的动物，是自然的精灵。

从观察开始，爱上每一天的生活，

在科学的海洋中勇敢航行。

知识的灯塔，将指引我们前进的方向。